AF400989

STATISTIQUE

DES ÉTABLISSEMENTS DE BIENFAISANCE.

RAPPORT

A S. EXC. LE MINISTRE DE L'INTÉRIEUR

SUR LES SOURDS-MUETS, LES AVEUGLES

ET LES ÉTABLISSEMENTS CONSACRÉS A LEUR ÉDUCATION,

PAR LE B^{on} AD. DE WATTEVILLE,

INSPECTEUR GÉNÉRAL DE 1re CLASSE DES ÉTABLISSEMENTS DE BIENFAISANCE.

PARIS.

IMPRIMERIE IMPÉRIALE.

1861.

RAPPORT

A S. EXC. LE MINISTRE DE L'INTÉRIEUR

SUR LES SOURDS-MUETS, LES AVEUGLES

ET LES ÉTABLISSEMENTS CONSACRÉS A LEUR ÉDUCATION.

RAPPORT

A S. EXC. LE MINISTRE DE L'INTÉRIEUR

SUR

LES SOURDS-MUETS, LES AVEUGLES

ET LES ÉTABLISSEMENTS CONSACRÉS A LEUR ÉDUCATION.

Monsieur le Ministre,

De tous les maux qui affligent l'humanité, ceux qui frappent l'homme à son berceau sans laisser après eux l'espérance sont assurément les plus dignes de pitié. Dans ces calamités qui atteignent l'innocent, il y a un profond sujet de méditation pour le penseur; mais il y a aussi un devoir impérieux pour la société. Doit-elle et peut-elle laisser sans les secourir ceux qu'une loi mystérieuse et sévère livre sans défense à tous les périls, à toutes les douleurs? Tels sont les sourds-muets et les aveugles. Les sourds-muets surtout, en apparence les moins maltraités, sont en réalité les plus déshérités de ces deux classes d'infortunés. Ce sont eux pour lesquels le bienfait de l'éducation est indispensable. Sans éducation le sourd-muet ne peut acquérir aucune notion du bien et du mal; il reste complétement irresponsable de ses actes, et cependant la loi le punit s'il commet un délit ou un crime, sans lui tenir compte de sa cruelle infirmité. N'est-il donc pas de la plus stricte nécessité de l'éclairer, de lui ouvrir le monde intellectuel que le manque d'éducation lui ferme à jamais?

Nous avons, sans doute, quelques établissements consacrés à l'enseignement des sourds-muets et des aveugles; je vais avoir l'honneur de faire connaître à Votre Excellence leur situation et leur nombre, mais elle jugera combien ce nombre est insuffisant eu égard à celui des infortunés qui ne reçoivent et ne peuvent recevoir aucune instruction sans l'assistance de l'État, la plus grande partie d'entre eux appartenant à des familles pauvres et sans ressources. Si la France est une grande nation qui marche à la tête de la civilisation, ce n'est pas seulement pour avoir accompli des merveilles dans les arts et dans les sciences, pour avoir souvent ébloui le monde par son courage et son génie militaire, mais, avant tout et surtout, c'est pour son inépuisable et tendre charité. C'est pour avoir, dans tous les temps, fondé et entretenu les établissements charitables les plus nombreux, les plus beaux du monde, fondés, dotés, servis par une admirable phalange de nobles femmes, de grands saints, de pieux magistrats, dont toutes les classes de la société écoutaient la voix et suivaient l'exemple.

Le dénombrement des sourds-muets a été fait pour la première fois en 1851, sans distinction d'âge. D'après ce dénombrement, le chiffre des sourds-muets, en France, était de 29,433. En examinant avec soin les documents recueillis à cette époque, je n'ai pas tardé à reconnaître de nombreuses erreurs, et il résulte de mes investigations que, dans plusieurs départements, on avait fait le recensement non pas des *sourds-muets*, mais des *sourds et des muets*. C'est-à-dire que, dans un assez grand nombre de localités, on a cru devoir inscrire sur les contrôles non-seulement les sourds-muets, mais encore les sourds adultes, ce qui donnait alors un chiffre considérable, attendu que le nombre des personnes qui deviennent sourdes en vieillissant est très-élevé.

Enfin, après un travail sérieux, je suis arrivé à un résultat que j'ai tout lieu de croire positif. Le nombre des sourds-muets ne serait que de 21,576, savoir :

Hommes...................................... 12,325

Femmes..................................... 9,251

Total............. 21,576

(Voir le tableau n° 1.)

Le nombre des femmes sourdes-muettes est inférieur à celui des hommes dans la proportion de 26 p. o/o. (Voir le tableau n° 1.)

Les départements dont les noms suivent font cependant exception :

1° Ain, 136 hommes, 161 femmes.

Eure-et-Loir, 55 hommes, 67 femmes.

Meuse, 58 hommes, 60 femmes.

2° Le Gers, dans lequel, sur 187 sourds-muets, on compte seulement 6 femmes.

Le dénombrement des sourds-muets par âge présente le résultat suivant :

	Hommes.	Femmes.	Total.
Au-dessous de 5 ans...........	573	430	1,003
De 5 à 15 ans...............	2,765	2,038	4,803
Au-dessus de 15 ans...........	8,987	6,783	15,770
Totaux...........	12,325	9,251	21,576

La moyenne de la proportion des sourds-muets, en France, est de 1 sourd-muet sur 1,669 habitants; soit pour les hommes, 1 sur 730, et pour les femmes, 1 sur 939.

Pour compléter mon travail, j'ai dû chercher, Monsieur le Ministre, les départements dans lesquels le nombre des sourds-muets était plus ou moins considérable.

Pour obtenir ce résultat, j'ai d'abord classé les départements suivant le nombre de sourds-muets contenu dans chacun d'eux, proportionnellement à leur population. Je suis arrivé ainsi à constater que le département des Hautes-Alpes renfermait 1 sourd-muet sur 419 habitants, tandis que celui de la Seine n'en contenait qu'un seul sur 4,694 individus. (Voir le tableau n° 2.) Mais cette classification ne pouvait fournir aucun indice sur les causes de la surdi-mutité. J'ai alors groupé les départements.

1° Suivant les points cardinaux :

Sud,

Sud-est,

Sud-ouest,

Est,

Nord,

Ouest [1] :

2° Suivant la nature des localités :

Départements montagneux,

——————— maritimes,

——————— forestiers,

——————— de plaines et culture ;

3° En départements frontières et du centre.

Voici, Monsieur le Ministre, le résultat de mes recherches :

PREMIÈRE CATÉGORIE.

21 départements sud . . . . donnent	1 sourd-muet	sur 1,271 habitants.
8 ——————— sud-est . .	1	sur 1,501
13 ——————— est	1	sur 1,577
15 ——————— sud-ouest	1	sur 1,833
13 ——————— nord	1	sur 1,902
16 ——————— ouest	1	sur 1,925

86 départements.

[1] La différence entre les départements nord, nord-est et nord-ouest est si peu appréciable, que j'ai cru inutile de l'établir.

DEUXIÈME CATÉGORIE.

24 départements montagneux...... donnent 1 sourd-muet sur 1,158 habitants.
19 ———————— forestiers........   1   sur 1,480
18 ———————— maritimes.......   1   sur 1,576
25 ———————— de plaines et culture   1   sur 2,285

86 départements.

TROISIÈME CATÉGORIE.

38 départements frontières donnent 1 sourd-muet sur 1,497 habitants.
48 ——————— du centre   1   sur 1,844

86 départements.

En résumé, Monsieur le Ministre, voici la classification des départements suivant le plus grand nombre de sourds-muets à leur charge, proportionnellement à leur population :

24 départements de montagnes..... ont 1 sourd-muet sur 1,158 habitants.
21 ——————— du sud..........   1   sur 1,271
19 ——————— forestiers.........   1   sur 1,480
38 ——————— frontières.........   1   sur 1,497
 8 ——————— du sud-est........   1   sur 1,501
18 ——————— maritimes.........   1   sur 1,576
13 ——————— de l'est..........   1   sur 1,577
15 ——————— du sud-ouest.......   1   sur 1,833
48 ——————— du centre.........   1   sur 1,844
13 ——————— du nord.........   1   sur 1,902
16 ——————— de l'ouest.........   1   sur 1,925
25 ——————— de plaines et culture   1   sur 2,285

Les départements montagneux, dans lesquels la population est généralement pauvre, sont les départements où l'on compte le plus grand nombre de sourds-muets, tandis que l'on en trouve beaucoup moins dans les départements de culture, où règne une plus grande aisance. Dans les premiers, la proportion des sourds-muets est de 1 sur 1,158 habitants; elle n'est que de 1 sur 2,285 dans les seconds, c'est-à-dire qu'elle est moitié moins considérable.

Dans les départements situés au sud de la France, on compte 1 sourd-muet sur 1,271 habitants, et dans l'ouest 1 sur 1,925.

Une différence notable existe également entre les départements frontières et les départements du centre de l'Empire.

Cette différence ressortira plus clairement, en mettant sous les yeux de Votre Excellence les dix départements où l'on rencontre le chiffre *maximum* et les dix départements où l'on trouve le chiffre *minimum* de ces infortunés. Elle voudra bien remarquer que, parmi les premiers, il y a

$$
\begin{array}{rl}
7 & \text{départements montagneux.} \\
3 & \text{————— forestiers.} \\
\hline
10 &
\end{array}
$$

$$
\begin{array}{rl}
6 & \text{départements sud.} \\
3 & \text{————— est.} \\
1 & \text{————— sud-ouest.} \\
\hline
10 &
\end{array}
$$

Tandis que parmi les seconds il y a

$$
\begin{array}{rl}
5 & \text{départements de culture.} \\
2 & \text{————— maritimes.} \\
2 & \text{————— forestiers.} \\
1 & \text{————— montagneux.} \\
\hline
10 &
\end{array}
$$

$$
\begin{array}{rl}
3 & \text{départements ouest.} \\
3 & \text{————— sud-ouest.} \\
2 & \text{————— est.} \\
2 & \text{————— nord.} \\
\hline
10 &
\end{array}
$$

Voici ce tableau :

Départements dans lesquels le nombre des sourds-muets est le plus considérable.

1. Hautes-Alpes.......	1 sur 419 habitants.	S.	Montagnes.
2. Hautes-Pyrénées....	1 sur 677	S. O.	*Idem.*
3. Corse...........	1 sur 686	S.	*Idem* et maritime.
4. Ariége..........	1 sur 837	S.	*Idem.*

5. Bas-Rhin.......... 1 sur 927 habitants. E. Forestier.
6. Meurthe.......... 1 sur 928 E. *Idem.*
7. Puy-de-Dôme...... 1 sur 936 S. Montagnes.
8. Basses-Alpes....... 1 sur 965 S. *Idem.*
9. Haut-Rhin........ 1 sur 1,017 E. Forestier.
10. Drôme.......... 1 sur 1,028 S. Montagnes.

1 sourd-muet sur 723 habitants.

Départements dans lesquels le nombre des sourds-muets est le moins considérable.

86. Seine............ 1 sur 4,694 habitants. N. Plaines et culture.
85. Sarthe........... 1 sur 4,535 O. *Idem.*
84. Haute-Marne....... 1 sur 3,946 E. Forestier.
83. Pyrénées-Orientales.. 1 sur 3,661 S. O. Montagnes.
82. Lot-et-Garonne..... 1 sur 3,656 S. O. Plaine.
81. Maine-et-Loire...... 1 sur 3,048 O. *Idem.*
80. Loir-et-Cher....... 1 sur 2,829 N. *Idem.*
79. Landes........... 1 sur 2,717 S. O. Maritime.
78. Meuse........... 1 sur 2,592 E. Forestier.
77. Calvados.......... 1 sur 2,517 O. Maritime.

1 sourd-muet sur 3,420 habitants.

La France forme aujourd'hui un tout si compacte, si homogène, qu'il faut consulter l'histoire pour se rendre compte des différentes races qui ont successivement habité notre patrie. Mais, en se livrant à ces recherches, on rencontre des régions dans lesquelles prédomine encore le sang des premiers habitants, ou du moins dans lesquelles on retrouve des traces de leur passage. Les Celtes, les Gaulois, les Romains, les Basques, les Normands, les Wallons, les Germains se sont fondus en un tout qui porte glorieusement le nom de Français; mais, en décomposant ce tout, on peut retrouver ces races antiques dans nos divers départements : ainsi la race celtique, proprement dite, prédomine dans les Côtes-du-Nord, le Finistère, l'Ille-et-Vilaine, la Loire-Inférieure et le Morbihan; la race gauloise, dans les départements du centre, l'Allier, le Cher, l'Indre, l'Indre-et-Loire, Loir-et-Cher, etc.; la race gallo-latine, dans les Basses-Alpes, l'Aude, les Bouches-du-Rhône, la Corse, le Gard, l'Hérault, le Var et Vaucluse; la race basque, dans les Basses-Pyrénées; la race germanique dans la Meurthe, la Moselle, le Bas-Rhin, le Haut-Rhin; la race wallone, dans les Ardennes et le Nord; enfin la race normande, dans le Calvados et la Seine-Inférieure. Il m'a donc paru

2.

intéressant de rechercher dans ces diverses contrées si le nombre des sourds-muets ou des aveugles était plus ou moins considérable, suivant les anciennes races qui les habitaient. Voici, pour les sourds-muets, les résultats obtenus :

RACE CELTIQUE.

Côtes-du-Nord........	1 sourd-muet sur	1,218	habitants.
Finistère............	1	sur	1,375
Ille-et-Vilaine......,..	1	sur	1,764
Loire-Inférieure.......	1	sur	2,515
Morbihan............	1	sur	1,729

1 sourd-muet sur 1,720 habitants, ou 6 pour 10,000 âmes.

RACE GAULOISE.

Allier..............	1 sourd-muet sur	2,084	habitants.
Cher...............	1	sur	1,874
Indre..............	1	sur	1,939
Indre-et-Loire.........	1	sur	1,972
Loir-et-Cher..........	1	sur	2,839
Loiret..............	1	sur	1,219

1 sourd-muet sur 1,988 habitants, ou 5 pour 10,000 âmes.

RACE GERMANIQUE.

Meurthe............	1 sourd-muet sur	928	habitants.
Moselle.............	1	sur	1,339
Rhin (Bas-)..........	1	sur	927
Rhin (Haut-).........	1	sur	1,017

1 sourd muet sur 1,053 habitants, ou 10 pour 10,000 âmes.

RACE WALLONE.

Ardennes.............	1 sourd-muet sur	1,851	habitants.
Nord...............	1	sur	2,331

1 sourd-muet sur 2,091 habitants, ou 5 pour 10,000 âmes.

RACE BASQUE.

Pyrénées (Basses-), 1 sourd-muet sur 1,718 habitants, ou 6 pour 10,000 âmes.

RACE GALLO-LATINE.

Alpes (Basses-)........	1 sourd-muet sur	965	habitants.
Aude..............	1	sur	2,049
Bouches-du-Rhône.....	1	sur	1,807
Corse..............	1	sur	686
Gard..............	1	sur	1,427
Hérault............	1	sur	1,764
Var...............	1	sur	1,906
Vaucluse............	1	sur	1,949

1 sourd-muet sur 1,579 habitants, ou 6 pour 10,000 âmes.

RACE NORMANDE.

Calvados...........	1 sourd-muet sur	2,517	habitants.
Seine-Inférieure.......	1	sur	1,938

1 sourd-muet sur 2,227 habitants, ou 4 pour 10,000 âmes.

RÉSUMÉ.

1. Race germanique .	1 sourd-muet sur 1,053 habitants,	ou 10 sur 10,000 âmes.
2. Race gallo-latine..	1 sur 1,579	ou 6 sur 10,000
3. Race basque.....	1 sur 1,718	ou 6 sur 10,000
4. Race celtique. ...	1 sur 1,720	ou 6 sur 10,000
5. Race gauloise....	1 sur 1,988	ou 5 sur 10,000
6. Race wallone.....	1 sur 2,091	ou 5 sur 10,000
7. Race normande...	1 sur 2,224	ou 4 sur 10,000

Moyenne sur la population totale de la France :

1 sourd - muet sur 1,669 habitants, ou 6 sur 10,000 âmes.

S'il est une classe d'êtres à laquelle il soit indispensable d'accorder les bienfaits de l'instruction primaire, ai-je déjà dit à Votre Excellence, c'est sans contredit celle des sourds-muets. Isolé, par son malheur même, de la grande famille humaine, le sourd-muet, sans instruction, livré aux seuls instincts physiques, est farouche, indisciplinable, dangereux; et il n'en peut être autrement. Mais donnez-lui l'instruction, apprenez-lui à exercer ses forces, à développer son intelligence; enseignez-lui l'éternelle beauté des lois de la morale, qu'on lui révèle l'existence d'un Dieu plein de bonté, et cet être sauvage, nuisible aux autres, devient un membre actif et utile à la société.

Mais, pour arriver à ce résultat si désirable, il faut que le sourd-muet ne soit pas abandonné à lui-même ou laissé aux soins trop insuffisants d'une indigente famille, il faut qu'il soit admis *de droit* dans des écoles, et que l'instruction primaire lui soit donnée gratuitement.

Les premiers essais de l'enseignement du sourd-muet datent de la fin du xvie siècle (1584). On les attribue à un religieux espagnol, nommé Pierre de Ponce, chargé de l'éducation de deux enfants sourds-muets d'une illustre famille. On ne connaît pas la méthode dont il s'est servi. Plus tard, en 1748, un autre Espagnol, Pereira, entreprit de nouveau l'éducation des sourds-muets, et à la même époque, l'abbé de l'Épée, en France, inventa un mode d'enseignement applicable à ces infortunés, enseignement qui ne s'est pas propagé autant qu'il était nécessaire et dont les progrès n'ont pas été, il faut l'avouer, bien remarquables.

Aujourd'hui on compte en France 47 institutions de sourds-muets, dont deux, sous le titre d'institutions *impériales,* sont administrées par l'État, l'une à Paris, l'autre à Bordeaux. Ces 47 institutions sont situées dans 44 communes différentes et renferment 2,446 enfants, savoir :

Garçons 1,251
Filles 1,195

2,446

(Voir le tableau n° 3.)

Il est à remarquer que le chiffre des enfants sourds-muets de l'âge de 5 à 15 ans est de 4,803. Sur ce nombre, 3,000 au plus, par leur âge ou leur état de santé, peuvent être admis à recevoir l'enseignement; il en résulte alors que 550 enfants, en maximum, ne jouissent pas encore de cet inappréciable bienfait.

Sous le rapport de l'éducation, les filles sont mieux partagées que les jeunes garçons; car ces derniers ne sont admis dans les écoles que dans la proportion de 2/3 et les filles dans celle de 4/5.

Enfin, sur 2,446 enfants qui fréquentent les institutions consacrées à l'éducation des sourds-muets, 334 seulement payent le prix de leur pension! 2,112 sont boursiers ou élevés par la charité publique. Ce fait justifie complétement l'assertion que j'ai émise au commencement de ce rapport, à savoir que la très-grande majorité des enfants sourds-muets est issue de parents pauvres.

(Voir le tableau n° 3.)

Voici maintenant, Monsieur le Ministre, la nomenclature et la situation des 47 institutions que je viens de citer :

1. Ain. — *Bourg.*

Nombre des élèves, 44 (12 garçons, 32 filles).

Fondée en 1855 par monseigneur l'évêque de Belley, cette institution est dirigée par M. l'abbé Subtil, chanoine honoraire du diocèse.

L'institution de Bourg existe par le revenu du legs de 45,000 francs fait au département de l'Ain par l'empereur Napoléon Ier et par une allocation 2,500 francs faite par le département.

2. Aisne. — *Saint-Médard-lez-Soissons.*

Nombre des élèves, 99 (53 garçons, 46 filles).

Fondée en 1840 par l'abbé Dupont, cette institution est dirigée actuellement par l'abbé Darras.

3. Alpes (Hautes-). — *Gap.*

Nombre des élèves, 9 (4 garçons, 5 filles).

Fondée en 1855 par les religieuses de la Providence.

Embrun.

Nombre des élèves, 3 (1 garçon, 2 filles).

Fondée en 1856 par Mlle Guien, qui dirige cette modeste école.

4. Aveyron. — *Rodez.*

Nombre des élèves, 38 (20 garçons, 18 filles).

Fondée en 1814 par l'abbé Périer, cette institution, cédée au département de l'Aveyron par son fondateur, est administrée par un directeur et une commission de surveillance nommée par le préfet.

5. Bouches-du-Rhône. — *Marseille.*

Nombre des élèves, 55 (32 garçons, 23 filles).

Fondée en 1819, cette institution est dirigée par M. Guès (laïque).

6. Calvados. — *Caen.*

Nombre des élèves, 138 (52 garçons, 86 filles).

La communauté du Bon-Pasteur a établi une école pour l'éducation des sourds-muets dans les bâtiments qu'elle occupe. Cette création a été faite en 1816. Les religieuses dirigent elles-mêmes l'enseignement, celui même des garçons.

7. Cantal. — *Aurillac.*

Nombre des élèves, 19 (9 garçons, 10 filles).

Créée en 1845 par une communauté religieuse.

8. Cher. — *Bourges.*

Nombre des élèves, 17 (garçons).

Fondée en 1850 par l'abbé Lebret, cette institution est actuellement dirigée par un laïque.

9. Côtes-du-Nord. — *Lamballe.*

Nombre des élèves, 49 (26 garçons, 23 filles).

Fondée en 1838, cette maison est dirigée par l'abbé Garnier, secondé par trois frères.

10. Doubs. — *Besançon.*

Nombre des élèves, 90 (40 garçons, 50 filles).

L'institution de Besançon a été créée en 1819 pour les filles sourdes-muettes, et, en 1824, pour les garçons.

La section des filles est dirigée par la sœur Rouzot, qui est la fondatrice de l'établissement ;

Celle des garçons, par l'abbé Martin.

11. Eure-et-Loir. — *Nogent-le-Rotrou.*

Nombre des élèves, 28 (12 garçons, 16 filles).

Créée en 1808, cette maison est dirigée par l'abbé Leboucq, supérieur des sœurs de l'Immaculée-Conception.

12. Gard. — *Nismes.*

Nombre des élèves, 18 (10 garçons, 8 filles).

M. Chelles, sourd-muet, dirige cet établissement, fondé en 1848.

13. GARONNE (HAUTE-). — *Toulouse.*

Nombre des élèves, 60 (39 garçons, 21 filles).

Cet établissement, créé en 1826 par l'abbé Chazotte, est confié à des religieuses de l'ordre de Saint-Joseph de Lyon. L'éducation des garçons est remise entre les mains d'un laïque.

14. GIRONDE. — *Bordeaux,* institution impériale.

Nombre des élèves, 110 (66 garçons, 44 filles) [1].

Le 20 février 1786, Mgr de Cicé, archevêque de Bordeaux, fonda cet établissement, qui a été érigé en institution nationale le 18 mars 1793, par décret de la convention. Cette maison est dirigée par M. Robert, ancien chef de bureau au ministère de l'intérieur.

15. HÉRAULT. — *Montpellier.*

Nombre des élèves, 25 (13 garçons, 12 filles).

Institution fondée en 1853 par la sœur Marie Caumont, de l'ordre de Saint-Vincent de Paul.

16. ILLE-ET-VILAINE. — *Rennes.*

Nombre des élèves, 6 (filles).

École dirigée par les religieuses de la Sainte-Enfance.

Fougères.

Nombre des élèves, 16 (7 garçons, 9 filles).

Institution créée en 1826 et dirigée par les sœurs de l'Adoration de la justice de Dieu, sous les ordres de M. l'abbé Taillandier, supérieur général résidant.

17. INDRE-ET-LOIRE. — *Tours.*

Nombre des élèves, 10 (filles).

École créée en 1855 par les filles de charité de Saint-Vincent de Paul.

---

[1] L'institution impériale de Bordeaux ne contient actuellement (1860) que des filles; les garçons ont été réunis à l'institution de Paris et remplacés à Bordeaux par un nombre égal de jeunes filles.

18. Isère. — *Grenoble.*

Nombre des élèves, 20 (16 garçons, 4 filles).

Fondée en 1840, cette maison est dirigée par M. Rauh, Bavarois, élève de Grater, dont il suit la méthode.

Vizille.

Nombre des élèves, 9 (filles).

École fondée par les demoiselles Gallien, élèves de l'institution impériale de Paris.

19. Loire. — *Saint-Étienne,* deux écoles.

École de garçons, 51. — École de filles, 69.

La première de ces institutions a été fondée en 1825. Elle est dirigée par les frères de la Doctrine chrétienne.

La seconde, créée en 1828, est entre les mains des sœurs de la communauté de Saint-Charles.

20. Loire (Haute-). — *Le Puy.*

Nombre des élèves, 53 (22 garçons, 31 filles).

Cette institution, fondée en 1818, a été déclarée d'utilité publique par décret impérial du 28 avril 1853.

La direction de cette maison est confiée à deux corporations religieuses sous l'autorité d'une commission administrative. Les garçons sont enseignés par les frères de la Doctrine chrétienne, les filles par les religieuses de la Présentation.

21. Loire-Inférieure. — *Nantes.*

Nombre d'élèves, 49 (garçons).

Cette institution a été fondée en 1834 à l'hospice général; elle a été transférée en 1856 dans un immeuble acheté par le département. C'est aujourd'hui une institution départementale dirigée par les frères de Saint-Gabriel, de Saint-Laurent-sur-Sèvre.

22. Loiret. — *Orléans,* deux écoles.

École de garçons, 48. — École de filles, 28.

Fondés en 1839, ces deux établissements sont dirigés : celui des garçons par M. l'abbé Laveau ; celui des filles, par les religieuses de la Sagesse de Saint-Laurent-sur-Sèvre.

23. Lot. — *Cahors.*

Nombre des élèves, 6 (filles).

Fondée en 1855 par les religieuses de l'ordre du Calvaire.

24. Maine-et-Loire. — *Angers.*

Nombre des élèves, 30 (11 garçons, 19 filles).

L'époque de la fondation de cette institution remonte à 1777. Elle est dirigée par les religieuses de l'ordre de Sainte-Marie.

25. Mayenne. — *Laval.*

Nombre des élèves, 39 (18 garçons, 21 filles).

Cette école a été fondée en 1836, dans l'hospice de la ville de Laval, par les religieuses de la congrégation d'Évron, qui dirigent l'enseignement.

26. Meurthe. — *Nancy.*

Nombre des élèves, 430 (263 garçons, 167 filles).

Fondée en 1828 par M. Piroux, qui dirige lui-même l'enseignement, l'école des sourds-muets de Nancy est la plus considérable, en France, par le nombre de ses élèves.

27. Morbihan. — *Sainte-Anne-d'Auray.*

Nombre des élèves, 45 (filles).

Institution créée en 1811 et dirigée par les sœurs de la Sagesse.

28. Nord. — *Lille* et *Fives,* deux écoles.

Lille, institution pour les filles, dont le nombre est de 45. L'enseignement est donné par des religieuses de la Sagesse.

3.

Fives, institution de garçons au nombre de 40. Dirigée par les frères de Saint-Gabriel.

Ces deux institutions ont été fondées en 1824 par Massieu, sourd-muet, élève de l'abbé de l'Épée.

29. Orne. — *Alençon.*

Nombre des élèves, 29 (17 garçons, 12 filles).

Fondée en 1853 par les religieuses de la congrégation de la Providence qui dirigent l'enseignement.

30. Pas-de-Calais. — *Arras.*

Nombre des élèves, 29 (14 garçons, 15 filles).

École fondée en 1817 par Mlle Daler, dirigée actuellement par les religieuses de Saint-Vincent de Paul.

31. Puy-de-Dôme. — *Chaumont.*

Nombre des élèves, 35 (24 garçons, 11 filles).

Institution fondée en 1833 et dirigée par l'abbé Dessaignes et sa sœur.

Clermont.

Nombre des élèves, 20 (filles).

École fondée en 1827 et dirigée par les religieuses de l'ordre de Saint-Joseph.

32. Pyrénées-Orientales. — *Perpignan.*

Nombre des élèves, 13 (2 garçons, 11 filles).

Cette institution a été fondée en mars 1857 par M. Fourty, qui dirige l'enseignement.

33. Bas-Rhin. — *Strasbourg.*

Nombre des élèves, 34 (14 garçons, 20 filles).

Cette institution, primitivement fondée en 1826, à Colmar, par M. Jacoutot, a été transportée à Strasbourg en 1839. M. Jacoutot est secondé dans sa mission par un professeur sourd-muet et deux religieuses de l'ordre de Saint-Vincent de Paul.

34. Rhône. — *Lyon.*

Nombre des élèves, 80 (45 garçons, 35 filles).

L'institution de Lyon a été créée en 1824 par M. Comberry; elle est actuellement dirigée par M. Forestier, un des sourds-muets les plus remarquables de l'époque. Mme Forestier, fille du fondateur, dirige l'enseignement des filles.

35. Seine. — *Paris.*

Nombre des élèves, 218 (134 garçons, 84 filles)[1].

Fondée en 1784 par l'abbé de l'Épée, l'institution impériale de Paris est administrée par un directeur assisté de professeurs parlants et sourds-muets.

36. Seine-Inférieure. — *Rouen.*

Nombre des élèves, 38 (22 garçons, 16 filles).

École fondée en 1835 par l'abbé Lefèvre, qui la dirige.

37. Tarn. — *Albi.*

Nombre des élèves, 59 (24 garçons, 35 filles).

Cette institution, établie dans le couvent du Bon-Pasteur, en 1830, est dirigée par les religieuses de cette congrégation.

38. Vaucluse. — *Avignon.*

Nombre des élèves, 6 (filles).

École créée en 1855 par les religieuses du Bon-Pasteur dans l'intérieur de leur couvent.

39. Vienne. — *Poitiers.*

Nombre des élèves, 24 (garçons).

Institution fondée en 1838 par les frères de Saint-Gabriel, de Saint-Laurent-sur-Sèvre, qui la dirigent.

Lornay-lez-Poitiers.

Nombre des élèves, 68 (filles).

École créée en 1833 et dirigée actuellement par les sœurs de la Sagesse.

---

[1] Les 84 jeunes filles ont été remplacés, en 1860, par un nombre égal de jeunes garçons de l'institution de Bordeaux.

Sur les 47 institutions de sourds-muets établies en France, je ferai observer à Votre Excellence que

6 n'ont pas 10 élèves.
6 ont de 10 à 20 élèves.
8 — de 20 à 30
6 — de 30 à 40
7 — de 40 à 50
4 — de 50 à 60
3 — de 60 à 70
1 — de 70 à 90
2 — de 90 à 100
2 — plus de 100 élèves (Caen et Bordeaux).
1 — plus de 200 (Paris).
1 — plus de 300 (Nancy).

47

En outre,

7 institutions sont dirigées par des ecclésiastiques;
13 ——————————— par des laïques;
27 ——————————— par des communautés religieuses.

47

Je n'ai pas l'intention, Monsieur le Ministre, de signaler à Votre Excellence les abus ou les erreurs qui peuvent exister dans l'enseignement des sourds-muets, mon dessein, en ce moment, est de lui faire connaître seulement les faits; plus tard, dans un autre travail, j'aurai l'honneur de lui soumettre mes observations personnelles sur ce mode d'enseignement, qui laisse beaucoup à désirer.

Après avoir mis sous vos yeux, Monsieur le Ministre, les résultats que m'ont donnés mes études sur les sourds-muets, qu'il me soit permis d'appliquer aux aveugles la même méthode et de vous exposer la situation actuelle de ces autres infortunés.

Le premier recensement des aveugles avait donné un chiffre trop élevé, 37,662; de nouvelles investigations ont fait baisser ce chiffre, il n'est plus actuellement que de 30,214 individus. Toutefois leur nombre est encore plus considérable que celui des sourds-muets, qu'il dépasse de 8,638. Ce fait se justifie facilement : en effet, la surdi-mutité ne pouvant se déclarer que dans les premières années de la vie, le nombre des sourds-muets ne peut s'accroître ; tandis que mille causes diverses amènent la cécité dans la vieillesse et font augmenter, sans cesse le chiffre des aveugles.

Le nombre des aveugles, en France, ai-je dit à Votre Excellence, est de 30,214, savoir :

Hommes	16,469
Femmes	13,745
	30,214

(Voir le tableau n° 4.)

Le chiffre des femmes aveugles est inférieur à celui des hommes dans la proportion de 15 p. o/o. (Voir le tableau n° 9.) Cependant le nombre des femmes aveugles est supérieur à celui des hommes dans 15 départements, savoir :

	Hommes.	Femmes.
Eure-et-Loir	124	126
Indre-et-Loire	92	105
Landes	59	84
Loir-et-Cher	87	114
Oise	124	137
Pas-de-Calais	256	285
Saône (Haute-)	130	182
Seine	752	808
Seine-Inférieure	299	303
Somme	269	287
Vienne	101	102
Yonne	173	187

Dans le département du Loiret, le nombre des aveugles hommes et femmes est exactement le même, 191 de l'un et l'autre sexe.

Si l'on établit le nombre des aveugles suivant leur âge, on trouve le résultat suivant :

	Hommes.	Femmes.	Total.
Au-dessous de 5 ans	462	458	920
De 5 à 15 ans	1,224	989	2,213
Au-dessus de 15 ans	14,783	12,298	27,081
	16,469	13,745	30,214

La moyenne de la proportion des aveugles est, à la population totale de l'Empire, de 1 sur 1,201 habitants, soit 1 sur 587 pour les hommes, et 1 sur 714 pour les femmes.

Je vais adopter pour les aveugles, la méthode que j'ai employée pour les sourds-muets.

Et d'abord, groupant les départements en raison de leur situation géographique, sud, sud-est, sud-ouest, est, nord et ouest ; puis par nature des localités, départements maritimes, forestiers, de montagnes, de plaines ou culture ; enfin, en séparant les départements frontières des départements du centre, je trouve les résultats que voici :

PREMIÈRE CATÉGORIE.

21 départements	sud	1 aveugle	sur 1,080 habitants.
16 ————	ouest	1	sur 1,159
13 ————	nord	1	sur 1,183
8 ————	sud-est	1	sur 1,332
13 ————	est	1	sur 1,406
15 ————	sud ouest	1	sur 1,531
86			

DEUXIÈME CATÉGORIE.

18 départements	maritimes	1 aveugle	sur 1,174 habitants.
24 ————	montagneux	1	sur 1,210
19 ————	forestiers	1	sur 1,289
25 ————	plaines et culture	1	sur 1,427
86			

TROISIÈME CATÉGORIE.

38 départements	frontières	1 aveugle	sur 1,158 habitants.
48 ————	du centre	1	sur 1,290
86			

RÉSUMÉ.

21 départements	sud	1 aveugle	sur 1,080 habitants.
38 ————	frontières	1	sur 1,158
16 ————	ouest	1	sur 1,159

18 départements maritimes . . . . . . 1 aveugle sur 1,174 habitants,
13 ——————— nord. 1   sur 1,183
24 ——————— montagneux. 1   sur 1,210
19 ——————— forestiers. 1   sur 1,289
48 ——————— du centre 1   sur 1,290
 8 ——————— sud-est. 1   sur 1,332
13 ——————— est. 1   sur 1,406
25 ——————— plaines et culture. 1   sur 1,427
15 ——————— sud-ouest. 1   sur 1,531

Ces résultats ne sont pas identiques à ceux obtenus pour les sourds-muets; les aveugles sont plus nombreux dans les départements du sud que dans les autres départements. Les pays de montagnes n'ont que le numéro 6 pour les aveugles, tandis qu'ils occupent le premier rang pour les sourds-muets. Les départements de plaines ou de culture sont les départements qui comptent le moins grand nombre de sourds-muets; ils occupent à peu près le même rang à l'égard des aveugles.

Les départements du sud ont 1 aveugle sur 1,080 habitants, tandis que les départements des pays de plaines ou de culture n'en ont que 1 sur 1,427, et les départements du sud-ouest 1 sur 1,531.

Enfin, les dix départements dans lesquels le chiffre des aveugles est le plus important sont :

 1. Corse. . . . . 1 sur 533 habitants. S. Montagnes.
 2. Hautes-Alpes. . . . . 1 sur 708 S. *Idem.*
 3. Aude. . . . . 1 sur 734 S. Maritime.
 4. Tarn-et-Garonne. . . . . . . 1 sur 736 S. Plaines et culture.
 5. Hérault. . . . . 1 sur 747 S. Maritime.
 6. Calvados. . . . . 1 sur 809 O. *Idem.*
 7. Basses-Alpes. . . . . 1 sur 826 S. Montagnes.
 8. Gard. . . . . 1 sur 834 S. *Idem.*
 9. Aisne. . . . . 1 sur 886 N. Forestier.
10. Eure. . . . . 1 sur 889 O. *Idem.*

1 aveugle sur 770 habitants.

Ces départements comptent :

7 départements sud.   4 départements montagneux.
2 ——————— ouest.   3 ——————— maritimes.
1 ——————— nord.   2 ——————— forestiers.
                           1 ——————— de plaines et culture.

Les dix départements qui, au contraire, renferment le nombre le moins considérable d'aveugles, sont dans une situation atmosphérique toute différente.

<table>
<tr><td>3 de ces départements sont est.</td><td>4 départements sont montagneux.</td></tr>
<tr><td>3 ——————— sud-est.</td><td>3 ——————— forestiers.</td></tr>
<tr><td>2 ——————— sud-ouest.</td><td>2 ——————— de plaines ou culture.</td></tr>
<tr><td>1 ——————— ouest.</td><td></td></tr>
<tr><td>1 seul est sud.</td><td>1 ——————— maritime.</td></tr>
</table>

En voici le tableau :

86. Allier...............	1 sur 2,516 habitants.	S. E.	Plaines et culture.
85. Isère...............	1 sur 2,192	S.	Montagnes.
84. Landes.............	1 sur 2,166	S. O.	Maritime.
83. Pyrénées-Orientales.....	1 sur 2,033	S. O.	Montagnes.
82. Loire..............	1 sur 1,920	S. E.	*Idem.*
81. Meuse..............	1 sur 1,841	E.	Forestier.
80. Haut-Rhin............	1 sur 1,822	E.	*Idem.*
79. Haute-Marne..........	1 sur 1,819	E.	*Idem.*
78. Corrèze............	1 sur 1,810	S. E.	Montagnes.
77. Sarthe.............	1 sur 1,790	O.	Plaines ou culture.

1 aveugle sur 1,990 habitants.

J'ai pensé, Monsieur le Ministre, qu'il ne serait pas sans utilité d'établir la proportion des aveugles à la population des départements où domine telle et telle race, ainsi que je l'ai fait pour les sourds-muets. Ce travail offre quelque intérêt.

RACE CELTIQUE.

Côtes-du-Nord...........	1 aveugle sur	994 habitants.
Finistère...............	1 sur	967
Ille-et-Vilaine............	1 sur	1,445
Loire-Inférieure..........	1 sur	1,570
Morbihan..............	1 sur	1,037

1 aveugle sur 1,203 habitants, ou 8 sur 10,000 âmes.

RACE GAULOISE.

Allier..............	1 aveugle sur	2,516 habitants.
Cher..............	1 sur	1,471

Indre. . . . . ,. 1 aveugle sur   1,571 habitants.
Indre-et-Loire. 1   sur   1,616
Loiret. 1   sur   903
Loir-et-Cher. 1   sur   1,313

   1 aveugle sur 1,565 habitants, ou 6 sur 10,000 âmes.

RACE GERMANIQUE.

Meurthe. . . . . 1 aveugle sur   904 habitants.
Moselle 1   sur   1,256
Rhin (Bas-). 1   sur   1,320
Rhin (Haut-). 1   sur   1,822

   1 aveugle sur 1,275 habitants, ou 5 sur 10,000 âmes.

RACE WALLONE.

Ardennes. . . . . 1 aveugle sur   1,130 habitants.
Nord. 1   sur   1,294

   1 aveugle sur 1,212 habitants, ou 8 sur 10,000 âmes.

RACE BASQUE.

Pyrénées (Basses-), 1 aveugle sur 1,368 habitants, ou 7 sur 10,000 âmes.

RACE GALLO-LATINE.

Alpes (Basses-). . . . . 1 aveugle sur   826 habitants.
Aude. 1   sur   734
Bouches-du-Rhône. 1   sur   1,009
Corse. 1   sur   533
Gard 1   sur   834
Hérault. 1   sur   747
Var. 1   sur   1,027
Vaucluse. 1   sur   1,233

   1 aveugle sur 868 habitants, ou 11 sur 10,000 âmes.

RACE NORMANDE.

Calvados. . . . . 1 aveugle sur   809 habitants.
Seine-Inférieure. 1   sur   1,278

   1 aveugle sur 1,043 habitants, ou 10 sur 10,000 âmes.

4.

RÉSUMÉ.

1.	Race gallo-latine........	1 aveugle sur	868	habitants.
2.	Race normande.........	1	sur	1,043	
3.	Race celtique.	1	sur	1,203	
4.	Race wallone	1	sur	1,212	
5.	Race germanique......	1	sur	1,275	
6.	Race basque...........	1	sur	1,368	
7.	Race gauloise.	1	sur	1,565	

Moyenne sur la population totale de la France,

1 aveugle sur 1,201 habitants, ou 8 sur 10,000 âmes.

Enfin, Monsieur le Ministre, pour mettre sous vos yeux la situation comparative des sourds-muets et des aveugles à l'égard de la population de l'Empire, j'ai composé, sous le n° 7, un tableau qui permet au premier coup d'œil de se rendre facilement compte de cette situation. Elle n'est jamais la même dans aucune catégorie, et lorsqu'elle s'en rapproche, la différence est encore assez notable.

L'enseignement des aveugles est bien moins répandu que celui des sourds-muets, mais il est très-supérieur à ce dernier; l'intelligence et la mémoire des aveugles sont telles, qu'on peut avec succès en faire des littérateurs, des savants, des artistes musiciens.

C'est à Valentin Haüy, frère du minéralogiste, que l'on doit la création de l'enseignement des aveugles. Ce fut vers 1785 que ce bienfaiteur de l'humanité entreprit cette laborieuse et honorable tâche, et il débuta d'une manière si concluante que dès lors le problème de l'éducation complète des aveugles fut résolue. Le 21 novembre 1791, l'Assemblée nationale mit par un décret l'institution de Valentin Haüy à la charge de l'État. Aujourd'hui cette institution, la plus remarquable de l'Europe et par conséquent du monde entier, compte plus de 200 élèves : 140 garçons et 60 jeunes filles.

Malheureusement, le nombre des écoles consacrées aux aveugles s'est peu propagé. On en compte seulement dix en France, y compris l'Institution impériale de Paris. Ces dix institutions ou écoles ne renferment que 307 élèves : 192 garçons et 115 filles. Sur ce nombre de 307 enfants

aveugles admis dans les écoles, 36 seulement payent le prix de leur pension ;
271 sont boursiers soit de l'État, soit des départements, des communes ou
de l'assistance publique.

Le nombre des aveugles de 5 à 15 ans est de 2,213 :

1,224 garçons
989 filles

Total...... 2,213 [1]

Sur ce chiffre 1,600 enfants environ sont aptes à recevoir les bienfaits de
l'instruction, et 307 seulement jouissent de ce bonheur; près de 1,300
d'entre eux en sont privés, et cependant les méthodes d'enseignement pour
les aveugles sont faciles, et le premier instituteur primaire venu peut, avec
succès, entreprendre la noble mission d'initier ces pauvres enfants au moins
à l'instruction primaire. Les filles surtout sont trop délaissées : 1/9 seulement
d'entre elles sont admises dans les écoles, tandis que les garçons y sont
reçus dans la proportion de 1/6. (Voir le tableau n° 6.)

Les dix institutions consacrées à l'éducation des aveugles sont ainsi répar-
ties sur le territoire de l'Empire :

1. AISNE. — *Saint-Médard-lez-Soissons.*

Nombre des élèves, 5 (3 garçons, 2 filles).

Cette école est annexée à l'institution des sourds-muets et dirigée par le
même directeur.

2. AVEYRON. — *Rodez.*

Nombre des élèves, 4 (garçons).

Annexée à l'école des sourds-muets, même direction.

3. HÉRAULT. — *Montpellier.*

Nombre des élèves, 6 (3 garçons, 3 filles).

Annexée à l'école des sourds-muets, même direction.

4. MEURTHE. — *Nancy.*

Nombre des élèves, 36 (25 garçons, 11 filles).

Fondée en 1853 par l'abbé Maxi, qui en est le directeur.

---

[1] Le nombre des enfants sourds-muets de 5 à 15 ans est de 4,803.

5 et 6. Nord. — *Lille* et *Fives.*

Nombre des élèves, 31 (17 garçons, 14 filles).

Ces deux écoles sont annexées aux deux écoles de sourds-muets et dirigées par les mêmes personnes.

7. Pas-de-Calais. — *Arras.*

Nombre des élèves, 8 (filles).

Annexée à l'école des sourds-muets.

8. Puy-de-Dôme. — *Chamelière.*

Nombre des élèves, 4 (filles).

Cette petite école a été fondée en 1851 par Mlle Talicon, aveugle elle-même, qui la dirige.

9. Rhône. — *Lyon.*

Nombre des élèves, 13 (filles).

Fondée en 1849 par Mlle Frachon, qui la dirige.

10. Seine. — *Paris.* Institution impériale.

Nombre des élèves, 200 (140 garçons, 60 filles).

Cette institution tout à fait hors ligne a été fondée, en 1784, par Valentin Haüy; elle est soutenue par l'État et administrée par un directeur nommé par le Ministre de l'intérieur.

L'enseignement est conduit par un chef spécial, assisté de 14 professeurs pour les garçons, et d'une institutrice avec 4 dames professeurs pour les filles.

Il y a, en outre, des professeurs de musique et des contre-maîtres chargés d'enseigner une profession industrielle aux élèves qui ne suivent pas les leçons de musique.

Sur ces dix écoles :

    3 n'ont pas 5 élèves;
    2 n'en ont pas 10;
    3 n'en ont pas 20;
    1 n'en a pas 30;
    1 en a 200,
    ——
  10
    ——

En outre :

    2 sont dirigées par des ecclésiastiques;
    4 ————— par des laïques;
    4 ————— par des communautés religieuses:
    ——
  10
    ——

Telle est, Monsieur le Ministre, la situation de l'enseignement des sourds-muets et des aveugles en France. Cette situation n'est pas brillante. Plus que tous autres, ces infortunés auraient besoin de recevoir au moins l'éducation primaire. La loi sur l'enseignement, si généreuse à l'égard des enfants parlants et voyants, aurait dû penser aux deux catégories d'enfants sur lesquels je viens d'appeler l'attention de Votre Excellence; puisse le Gouvernement de l'Empereur réparer l'oubli de la loi de 1832, et prendre les dispositions nécessaires pour rendre à la vie intellectuelle trente à quarante mille parias qui, en bénissant le nom de leur bienfaiteur, pourront encore être utiles au pays dans lequel ils ont reçu le jour.

Je suis avec respect,

      Monsieur le Ministre,

          Votre très-humble et très-obéiooant serviteur,

        L'Inspecteur général des établissements de bienfaisance,
          Bᵒⁿ Aᴅ. DE WATTEVILLE.

N° 1.

Tableau faisant connaître le nombre des sourds-muets et leur proportion avec la population, en 1858.

NUMÉROS D'ORDRE.	DÉPARTEMENTS.	NOMBRE DES SOURDS-MUETS EN 1858.								TOTAL GÉNÉRAL.	POPULATION EN 1858.	PROPORTION des SOURDS-MUETS à la population.
		HOMMES.				FEMMES.						
		Au-dessous de 5 ans.	De 5 à 15 ans.	Au-dessus de 15 ans.	Total.	Au-dessous de 5 ans.	De 5 à 15 ans.	Au-dessus de 15 ans.	Total.			
1	Ain...............	14	27	95	136	19	31	111	161	297	370,919	1 sur 1,249
2	Aisne.............	23	76	152	251	13	46	135	194	445	555,539	1 — 1,248
3	Allier............	3	25	71	99	1	14	55	70	169	352,241	1 — 2,084
4	Alpes (Basses-).....	3	22	67	92	2	5	56	63	155	149,670	1 — 965
5	Alpes (Hautes-).....	6	34	121	161	4	34	110	148	309	129,556	1 — 419
6	Ardèche...........	2	36	109	147	1	20	64	85	232	385,835	1 — 1,663
7	Ardennes..........	2	15	86	103	2	20	49	71	174	322,138	1 — 1,851
8	Ariége............	5	28	135	168	6	25	101	132	300	251,318	1 — 837
9	Aube..............	14	18	21	53	9	15	27	51	104	261,673	1 — 2,516
10	Aude..............	1	9	68	78	"	13	47	60	138	282,833	1 — 2,049
11	Aveyron...........	5	22	113	140	2	16	69	87	227	393,890	1 — 1,735
12	Bouches-du-Rhône...	11	31	102	144	6	19	93	118	262	473,365	1 — 1,807
13	Calvados...........	"	29	80	109	"	22	59	81	190	478,397	1 — 2,517
14	Cantal............	5	20	75	100	5	24	66	95	195	247,665	1 — 1,270
15	Charente..........	5	18	90	113	4	12	50	66	179	378,721	1 — 2,115
16	Charente-Inférieure..	5	14	111	130	7	13	73	93	223	474,828	1 — 2,129
17	Cher..............	4	41	63	108	2	11	47	60	168	314,844	1 — 1,874
18	Corrèze...........	8	36	42	86	7	38	39	84	170	314,982	1 — 1,852
19	Corse.............	9	64	125	198	9	47	96	152	350	240,183	1 — 686
20	Côte-d'Or..........	6	17	107	130	8	12	61	81	211	385,131	1 — 1,825
21	Côtes-du-Nord......	7	94	219	320	3	59	128	190	510	621,573	1 — 1,218
22	Creuse............	6	19	105	130	4	21	74	99	229	278,889	1 — 1,217
23	Dordogne..........	3	21	102	126	2	19	94	115	241	504,651	1 — 2,094
24	Doubs.............	5	36	76	117	2	34	51	87	204	286,888	1 — 1,406
25	Drôme............	11	18	170	199	6	14	87	107	306	324,760	1 — 1,028
26	Eure.............	16	34	67	117	14	29	46	89	206	404,665	1 — 1,964
27	Eure-et-Loir.......	2	11	42	55	1	18	48	67	122	291,074	1 — 2,385
28	Finistère..........	10	62	181	253	8	47	133	188	441	606,552	1 — 1,375
29	Gard..............	3	38	125	166	3	32	93	128	294	419,697	1 — 1,427
30	Garonne (Haute-)...	4	24	151	179	11	31	102	144	323	581,247	1 — 1,490
31	Gers..............	22	61	104	187	1	1	4	6	193	304,497	1 — 1,577
32	Gironde...........	4	99	133	236	2	58	95	155	391	640,757	1 — 1,638
33	Hérault...........	7	21	97	125	3	8	91	102	227	400,424	1 — 1,764
34	Ille-et-Vilaine.......	4	34	121	159	7	31	88	126	285	580,898	1 — 2,038
35	Indre.............	5	26	48	79	6	17	39	62	141	273,479	1 — 1,939
36	Indre-et-Loire......	2	18	65	85	3	10	64	77	162	318,442	1 — 1,972
37	Isère.............	21	60	151	232	12	54	130	196	428	576,037	1 — 1,347
38	Jura..............	5	33	116	154	4	20	82	106	260	296,701	1 — 1,141
39	Landes...........	2	9	49	60	1	10	43	54	114	309,832	1 — 2,717
40	Loir-et-Cher.......	2	11	31	44	3	9	37	49	93	264,043	1 — 2,839
41	Loire.............	2	73	75	150	1	84	45	130	280	505,260	1 — 1,804
42	Loire (Haute-)......	20	40	58	118	12	26	33	71	189	300,994	1 — 1,592
43	Loire-Inférieure.....	5	29	88	122	3	25	71	99	221	555,996	1 — 2,515

NUMÉROS D'ORDRE.	DÉPARTEMENTS.	NOMBRE DES SOURDS-MUETS EN 1853.								TOTAL GÉNÉRAL.	POPULATION EN 1858.	PROPORTION des SOURDS-MUETS à la population.
		HOMMES.				FEMMES.						
		Au-dessous de 5 ans.	De 5 à 15 ans.	Au-dessus de 15 ans.	Total.	Au-dessous de 5 ans.	De 5 à 15 ans.	Au-dessus de 15 ans.	Total.			
44	Loiret.	13	47	85	145	11	43	84	138	283	345,115	1 sur 1,219
45	Lot	9	14	97	120	"	11	67	78	198	293,733	1 — 1,483
46	Lot-et-Garonne	"	5	49	54	1	6	32	39	93	340,041	1 — 3,656
47	Lozère	7	16	44	67	4	9	31	44	111	140,819	1 — 1,268
48	Maine-et-Loire	1	25	71	97	4	11	60	75	172	524,387	1 — 3,048
49	Manche	3	35	164	202	4	23	147	174	376	595,202	1 — 1,529
50	Marne	3	26	91	120	3	17	70	90	210	372,050	1 — 1,771
51	Marne (Haute-)	1	6	29	36	"	5	24	29	65	256,512	1 — 3,946
52	Mayenne	4	11	75	90	6	11	52	69	159	373,841	1 — 2,351
53	Meurthe	3	76	183	262	"	58	137	195	457	424,373	1 — 928
54	Meuse	"	6	52	58	1	10	49	60	118	305,727	1 — 2,591
55	Morbihan	6	32	107	145	3	31	95	129	274	473,932	1 — 1,729
56	Moselle	7	38	154	199	3	27	108	138	337	451,152	1 — 1,339
57	Nièvre	3	19	73	95	1	16	55	72	107	326,080	1 — 1,892
58	Nord	3	54	242	299	6	23	192	221	520	1,212,353	1 — 2,331
59	Oise	4	22	71	97	2	12	66	80	177	396,085	1 — 2,316
60	Orne	2	34	116	152	5	16	64	85	237	430,127	1 — 1,815
61	Pas-de-Calais	"	51	146	197	4	23	125	152	349	712,846	1 — 2,042
62	Puy-de-Dôme	6	69	259	334	6	44	240	290	634	590,062	1 — 930
63	Pyrénées (Basses-)	11	30	111	152	8	24	70	102	254	436,442	1 — 1,718
64	Pyrénées (Hautes)	4	39	173	216	3	25	119	147	363	245,856	1 — 677
65	Pyrénées-Orientales	2	4	28	34	"	4	12	16	50	183,056	1 — 3,661
66	Rhin (Bas-)	10	64	259	333	3	57	215	275	608	563,855	1 — 927
67	Rhin (Haut-)	9	59	198	266	9	38	178	225	491	499,442	1 — 1,017
68	Rhône	15	83	134	232	14	46	83	143	375	625,991	1 — 1,669
69	Saône (Haute-)	"	13	67	80	"	8	63	71	151	312,397	1 — 2,068
70	Saône-et-Loire	3	53	164	220	9	34	119	162	382	575,018	1 — 1,508
71	Sarthe	3	9	50	62	1	5	35	41	103	467,193	1 — 4,535
72	Seine	17	56	159	232	5	58	73	136	368	1,727,419	1 — 4,694
73	Seine-Inférieure	9	59	156	224	9	35	129	173	397	769,450	1 — 1,938
74	Seine-et-Marne	9	24	88	121	7	25	52	84	205	341,382	1 — 1,665
75	Seine-et-Oise	9	11	110	130	10	14	80	104	234	484,179	1 — 2,069
76	Sèvres (Deux-)	11	19	108	138	3	17	83	103	241	327,846	1 — 1,360
77	Somme	23	34	151	208	5	35	145	185	393	566,619	1 — 1,441
78	Tarn	15	19	78	112	5	17	69	91	203	354,832	1 — 1,748
79	Tarn-et-Garonne	"	12	65	77	2	7	48	57	134	234,782	1 — 1,752
80	Var	1	22	105	128	1	11	55	67	195	371,820	1 — 1,906
81	Vaucluse	15	21	56	92	8	9	29	46	138	268,994	1 — 1,949
82	Vendée	6	18	75	99	3	20	59	82	181	389,683	1 — 2,153
83	Vienne	21	33	35	89	36	37	46	119	208	322,585	1 — 1,550
84	Vienne (Haute-)	1	15	76	92	1	12	74	87	179	319,787	1 — 1,786
85	Vosges	3	14	133	150	1	11	111	123	273	405,708	1 — 1,412
86	Yonne	2	15	93	110	4	9	52	65	175	368,901	1 — 2,108
	Totaux	573	2,765	8,987	12,325	430	2,038	6,783	9,251	21,576	36,039,364	1 sur 1,669

N° 2.

*Tableau faisant connaître, en 1858, la proportion des sourds-muets à la population de chaque département,
classé suivant le plus grand nombre de ces infortunés.*

NUMÉROS D'ORDRE.	DÉPARTEMENTS.	PROPORTION DES SOURDS-MUETS à la population.	NUMÉROS D'ORDRE.	DÉPARTEMENTS.	PROPORTION DES SOURDS-MUETS à la population.
1	Alpes (Hautes-)	1 sur 419	45	Vienne (Haute-)	1 sur 1,786
2	Pyrénées (Hautes-)	1 — 677	46	Loire	1 — 1,804
3	Corse	1 — 686	47	Bouches-du-Rhône	1 — 1,807
4	Ariége	1 — 837	48	Orne	1 — 1,815
5	Rhin (Bas-)	1 — 927	49	Côte-d'Or	1 — 1,825
6	Meurthe	1 — 928	50	Ardennes	1 — 1,851
7	Puy-de-Dôme	1 — 936	51	Corrèze	1 — 1,852
8	Alpes (Basses-)	1 — 965	52	Cher	1 — 1,874
9	Rhin (Haut-)	1 — 1 017	53	Nièvre	1 — 1,892
10	Drôme	1 — 1,028	54	Var	1 — 1,906
11	Jura	1 — 1,141	55	Seine-Inférieure	1 — 1,938
12	Creuse	1 — 1,217	56	Indre	1 — 1,939
13	Côtes-du-Nord	1 — 1,218	57	Vaucluse	1 — 1,949
14	Loiret	1 — 1,219	58	Eure	1 — 1,964
15	Aisne	1 — 1,248	59	Indre-et-Loire	1 — 1,972
16	Ain	1 — 1,249	60	Yonne	1 — 2,018
17	Lozère	1 — 1,268	61	Ille-et-Vilaine	1 — 2,038
18	Cantal	1 — 1,270	62	Pas-de-Calais	1 — 2,042
19	Moselle	1 — 1,337	63	Aude	1 — 2,049
20	Isère	1 — 1,347	64	Saône (Haute-)	1 — 2,068
21	Sèvres (Deux-)	1 — 1,360	65	Seine-et-Oise	1 — 2,069
22	Finistère	1 — 1,375	66	Allier	1 — 2,084
23	Doubs	1 — 1,406	67	Dordogne	1 — 2,094
24	Vosges	1 — 1,412	68	Charente	1 — 2,115
25	Gard	1 — 1,427	69	Charente-Inférieure	1 — 2,129
26	Somme	1 — 1,441	70	Vendée	1 — 2,153
27	Lot	1 — 1,483	71	Oise	1 — 2,316
28	Garonne (Haute-)	1 — 1,490	72	Nord	1 — 2,331
29	Saône-et-Loire	1 — 1,508	73	Mayenne	1 — 2,351
30	Manche	1 — 1,529	74	Eure-et-Loir	1 — 2,385
31	Vienne	1 — 1,550	75	Loire-Inférieure	1 — 2,515
32	Gers	1 — 1,577	76	Aube	1 — 2,516
33	Loire (Haute-)	1 — 1,592	77	Calvados	1 — 2,517
34	Gironde	1 — 1,638	78	Meuse	1 — 2,592
35	Ardèche	1 — 1,663	79	Landes	1 — 2,717
36	Seine-et-Marne	1 — 1,665	80	Loir-et-Cher	1 — 2,839
37	Rhône	1 — 1,669	81	Maine-et-Loire	1 — 3,048
38	Pyrénées (Basses-)	1 — 1,718	82	Lot-et-Garonne	1 — 3,656
39	Morbihan	1 — 1,729	83	Pyrénées-Orientales	1 — 3,661
40	Aveyron	1 — 1,735	84	Marne (Haute-)	1 — 3,946
41	Tarn	1 — 1,748	85	Sarthe	1 — 4,535
42	Tarn-et-Garonne	1 — 1,752	86	Seine	1 — 4,694
43	Hérault	1 — 1,764			
44	Marne	1 — 1,771		Moyenne générale	1 sur 1,669

N° 3.

Tableau des institutions établies en France pour l'éducation des sourds-muets, en 1858.

DÉPARTEMENTS.	COMMUNES.	NOMBRE DES ÉLÈVES.				OBSERVATIONS.
		GARÇONS.	FILLES.	BOURSIERS.	PENSIONNAIRES.	
Ain..................	Bourg..............	12	32	32	12	
Aisne..............	Soissons...........	53	46	82	17	A Saint-Médard-lez-Soissons.
Alpes (Hautes-)........	Gap.................	4	5	"	9	
	Embrun.............	1	2	"	3	
Aveyron.............	Rodez................	20	18	34	4	
Bouches-du-Rhône......	Marseille.............	32	23	48	7	
Calvados.............	Caen................	52	86	130	8	
Cantal..............	Aurillac.............	9	10	16	3	
Cher...............	Bourges.............	17	"	16	1	
Côtes-du-Nord........	Lamballe............	26	23	34	15	
Doubs..............	Besançon............	40	50	85	5	
Eure-et-Loir.	Nogent-le-Rotrou.......	12	16	22	6	
Gard...............	Nîmes..............	10	8	12	6	
Garonne (Haute-)......	Toulouse.............	39	21	56	4	
Gironde.............	Bordeaux............	66	44	93	17	Actuellement cette institution ne renferme plus que des filles ; les garçons ont été transférés à l'institution de Paris. Parmi les boursiers, quelques-uns payent une fraction de leur pension.
Hérault.............	Montpellier..........	13	12	23	2	
Ille-et-Vilaine.	Rennes..............	"	6	6	"	
	Fougères............	7	9	14	2	
Indre-et-Loire.........	Tours.	"	10	10	"	
Isère..............	Grenoble............	16	4	20	"	
	Vizille..............	"	9	9	"	
Loire..............	Saint-Étienne.	51	"	36	15	
	Idem................	"	69	57	12	
Loire (Haute-)........	Le Puy..............	22	31	51	2	
Loire-Inférieure........	Nantes..............	49	"	47	2	

DÉPARTEMENTS.	COMMUNES.	NOMBRE DES ÉLÈVES.				OBSERVATIONS.
		GARÇONS.	FILLES.	BOURSIERS.	PENSIONNAIRES.	
Loiret..............	Orléans.............	48	"	43	5	
	Idem................	"	36	28	8	
Lot................	Cahors.............	"	6	4	2	
Maine-et-Loire........	Angers..............	11	19	22	8	
Mayenne.............	Laval...............	18	21	37	2	
Meurthe.............	Nancy..............	263	167	395	35	
Morbihan............	Brech...............	"	45	39	6	
Nord...............	Fives...............	40	"	30	10	
	Lille...............	"	45	22	23	
Orne...............	Alençon.............	17	12	24	5	
Pas-de-Calais.........	Arras...............	14	15	26	3	
Puy-de-Dôme.........	Clermont............	"	20	19	1	
	Chaumont............	24	"	21	3	
Pyrénées-Orientales.....	Perpignan............	2	11	13	"	
Rhin (Bas-)...........	Strasbourg...........	14	20	25	9	
Rhône..............	Lyon................	45	35	65	15	
Seine...............	Paris...............	134	84	204	14	Cette institution, depuis 1859, ne contient plus que des garçons; les filles ont été envoyées à l'institution de Bordeaux. Parmi les boursiers, quelques-unes payent une fraction de leur pension.
Seine-Inférieure.......	Rouen...............	22	16	30	8	
Tarn...............	Albi................	24	35	44	15	
Vaucluse............	Avignon.............	"	6	4	2	
Vienne.............	Poitiers.............	24	"	22	2	
	Larnay..............	"	68	62	6	Lez-Poitiers.
TOTAUX........		1,251	1,195	2,112	334	
		2,446		2,446		

N° 4.

Tableau faisant connaître le nombre des aveugles et leur proportion avec la population, en 1858.

NUMÉROS D'ORDRE.	DÉPARTEMENTS.	NOMBRE DES AVEUGLES EN 1858.								TOTAL GÉNÉRAL.	POPULATION en 1858.	PROPORTION des AVEUGLES à la population.
		HOMMES.				FEMMES.						
		Au-dessous de 5 ans.	De 5 à 15 ans.	Au-dessus de 15 ans.	Total.	Au-dessous de 5 ans.	De 5 à 15 ans.	Au-dessus de 15 ans.	Total.			
1	Ain	16	28	115	159	9	25	109	143	302	370,919	1 sur 1,228
2	Aisne	15	46	273	334	12	34	247	293	027	555,539	1 — 886
3	Allier	1	2	87	90	//	5	45	50	140	352,241	1 — 2,516
4	Alpes (Basses-)	5	5	107	117	2	3	59	64	181	149,670	1 — 826
5	Alpes (Hautes-)	1	5	91	97	//	2	84	86	183	129,556	1 — 708
6	Ardèche	2	12	196	210	//	9	102	111	321	385,835	1 — 1,202
7	Ardennes	//	7	150	157	2	3	123	128	285	322,138	1 — 1,130
8	Ariége	2	3	96	101	7	3	57	67	168	251,318	1 — 1,496
9	Aube	23	35	33	91	19	41	45	105	196	261,673	1 — 1,335
10	Aude	5	11	225	241	1	1	142	144	385	282,833	1 — 734
11	Aveyron	2	9	183	104	2	8	129	139	333	393,890	1 — 1,182
12	Bouches-du-Rhône	8	15	237	260	5	10	194	209	469	473,305	1 — 1,009
13	Calvados	1	3	301	305	2	6	278	286	591	478,397	1 — 809
14	Cantal	2	10	125	137	2	9	70	81	218	247,065	1 — 1,136
15	Charente	5	14	108	127	1	12	78	91	218	378,721	1 — 1,737
16	Charente-Inférieure	3	5	182	190	1	5	158	164	354	478,828	1 — 1,341
17	Cher	5	14	103	122	4	8	80	92	214	314,844	1 — 1,471
18	Corrèze	2	19	68	89	1	13	71	85	174	314,982	1 — 1,810
19	Corse	11	41	191	243	8	47	152	207	450	240,183	1 — 533
20	Côte-d'Or	6	9	226	241	6	10	173	189	430	385,131	1 — 895
21	Côtes-du-Nord	3	7	381	391	4	5	225	234	625	621,573	1 — 994
22	Creuse	3	4	90	97	2	6	53	61	158	278,889	1 — 1,765
23	Dordogne	3	12	172	187	1	8	109	118	305	504,651	1 — 1,654
24	Doubs	5	8	95	108	2	7	77	86	194	286,888	1 — 1,478
25	Drôme	6	11	190	207	4	12	96	112	319	324,700	1 — 1,018
26	Eure	41	76	112	229	36	89	101	226	455	404,065	1 — 889
27	Eure-et-Loir	1	3	120	124	2	4	120	126	250	291,074	1 — 1,164
28	Finistère	4	29	319	352	5	10	260	275	627	606,552	1 — 907
29	Gard	4	7	284	295	2	6	200	208	503	419,607	1 — 854
30	Garonne (Haute-)	2	7	215	224	1	8	150	159	383	481,247	1 — 1,230
31	Gers	//	3	136	139	//	//	197	107	330	304,497	1 — 006
32	Gironde	12	19	238	269	3	22	200	225	494	640,757	1 — 1,297
33	Hérault	3	10	312	325	1	3	207	211	530	400,424	1 — 747
34	Ille-et-Vilaine	4	13	226	243	2	14	143	159	402	580,898	1 — 1,445
35	Indre	1	7	94	102	2	5	65	72	174	273,479	1 — 1,571
36	Indre-et-Loire	2	12	78	92	2	8	95	105	197	318,442	1 — 1,610
37	Isère	6	13	119	138	5	13	107	125	263	576,637	1 — 2,192
38	Jura	//	1	155	156	2	8	133	143	209	296,701	1 — 988
39	Landes	1	5	53	59	1	2	81	84	143	309,832	1 — 2,166
40	Loir-et-Cher	3	8	76	87	7	9	98	114	201	264,043	1 — 1,313
41	Loire	//	4	100	104	//	1	68	69	173	505,260	1 — 1,920
42	Loire (Haute-)	15	32	142	189	11	23	59	93	282	300,994	1 — 1,007
43	Loire-Inférieure	2	10	169	181	3	4	166	173	354	555,996	1 — 1,570

NUMÉROS D'ORDRE.	DÉPARTEMENTS.	NOMBRE DES AVEUGLES EN 1858.								TOTAL GÉNÉRAL.	POPULATION EN 1858.	PROPORTION des AVEUGLES à la population.
		HOMMES.				FEMMES.						
		Au-dessous de 5 ans.	De 5 à 15 ans.	Au-dessus de 15 ans.	Total.	Au-dessous de 5 ans.	De 5 à 15 ans.	Au-dessus de 15 ans.	Total.			
44	Loiret	6	27	158	191	9	25	157	191	382	345,115	1 sur 903
45	Lot	5	12	150	167	1	11	112	124	291	293,733	1 — 1,009
46	Lot-et-Garonne	//	1	172	173	//	//	112	112	285	340,041	1 — 1,193
47	Lozère	4	9	78	91	1	1	35	37	128	140,819	1 — 1,100
48	Maine-et-Loire	5	13	174	192	6	10	123	139	331	524,387	1 — 1,584
49	Manche	6	11	276	293	4	13	265	282	575	595,202	1 — 1,035
50	Marne	1	9	136	146	//	4	137	141	287	372,050	1 — 1,296
51	Marne (Haute-)	2	3	78	83	//	//	58	58	141	256,512	1 — 1,819
52	Mayenne	1	10	119	130	2	5	113	120	250	373,841	1 — 1,495
53	Meurthe	5	24	222	251	1	12	205	218	469	424,373	1 — 904
54	Meuse	1	7	93	101	//	2	63	65	166	305,727	1 — 1,841
55	Morbihan	3	17	249	269	2	8	178	188	457	473,932	1 — 1,037
56	Moselle	2	13	183	198	1	7	153	161	359	451,152	1 — 1,256
57	Nièvre	1	11	99	111	1	11	69	81	192	326,086	1 — 1,698
58	Nord	3	4	483	490	2	7	437	446	936	1,212,353	1 — 1,294
59	Oise	//	2	122	124	1	3	133	137	261	396,085	1 — 1,517
60	Orne	1	12	216	229	1	7	208	216	445	430,127	1 — 966
61	Pas-de-Calais	1	12	243	256	1	8	276	285	541	712,846	1 — 1,317
62	Puy-de-Dôme	1	16	285	302	1	7	197	205	507	590,062	1 — 1,164
63	Pyrénées (Basses-)	16	19	137	172	11	21	115	147	319	436,442	1 — 1,368
64	Pyrénées (Hautes-)	1	6	130	137	3	2	123	128	265	245,856	1 — 927
65	Pyrénées-Orientales	1	4	56	61	//	2	27	29	90	183,056	1 — 2,033
66	Rhin (Bas-)	2	19	216	237	4	6	180	190	427	563,855	1 — 1,320
67	Rhin (Haut-)	3	6	153	162	//	3	109	112	274	499,442	1 — 1,822
68	Rhône	12	19	206	237	14	27	133	174	411	625,991	1 — 1,523
69	Saône (Haute-)	7	18	105	130	10	23	149	182	312	312,397	1 — 1,000
70	Saône-et-Loire	4	25	237	266	4	12	212	228	494	575,018	1 — 1,188
71	Sarthe	2	6	149	157	1	2	101	104	261	467,193	1 — 1,790
72	Seine	37	89	626	752	29	78	701	808	1,560	1,727,419	1 — 1,107
73	Seine-Inférieure	5	23	271	299	2	12	289	303	602	769,450	1 — 1,278
74	Seine-et-Marne	4	8	110	122	1	1	97	99	221	341,382	1 — 1,544
75	Seine-et-Oise	28	35	185	248	14	26	144	184	432	484,179	1 — 1,120
76	Sèvres (Deux-)	9	14	159	182	2	7	109	118	300	327,846	1 — 1,092
77	Somme	11	9	249	269	8	14	287	309	578	566,610	1 — 980
78	Tarn	//	6	168	174	1	4	116	121	295	354,832	1 — 1,202
79	Tarn-et-Garonne	//	3	182	185	//	4	130	134	319	234,782	1 — 736
80	Var	//	7	230	237	2	3	120	125	362	371,820	1 — 1,027
81	Vaucluse	13	25	91	129	7	11	71	89	218	268,994	1 — 1,233
82	Vendée	1	8	150	159	2	5	113	120	279	389,683	1 — 1,396
83	Vienne	14	41	46	101	19	44	39	102	203	322,585	1 — 1,589
84	Vienne (Haute-)	2	8	102	112	2	6	83	91	203	319,787	1 — 1,575
85	Vosges	4	9	155	168	4	8	126	138	306	405,708	1 — 1,325
86	Yonne	2	10	161	173	2	6	187	195	368	368,901	1 — 1,002
	TOTAUX	462	1,224	14,783	16,469	458	989	12,298	13,745	30,214	36,039,364	1 sur 1,201

N° 5.

Tableau faisant connaître, en 1858, la proportion des aveugles à la population de chaque département, classé suivant le plus grand nombre de ces infortunés.

NUMÉROS D'ORDRE.	DÉPARTEMENTS.	PROPORTION DES AVEUGLES à la population.	NUMÉROS D'ORDRE.	DÉPARTEMENTS.	PROPORTION DES AVEUGLES à la population.
1	Corse	1 sur 533	45	Vaucluse	1 sur 1,233
2	Alpes (Hautes-)	1 — 708	46	Moselle	1 — 1,256
3	Aude	1 — 734	47	Seine-Inférieure	1 — 1,278
4	Tarn-et-Garonne	1 — 736	48	Nord	1 — 1,294
5	Hérault	1 — 747	49	Marne	1 — 1,296
6	Calvados	1 — 809	50	Gironde	1 — 1,297
7	Alpes (Basses-)	1 — 820	51	Loir-et-Cher	1 — 1,313
8	Gard	1 — 834	52	Pas-de-Calais	1 — 1,317
9	Aisne	1 — 886	53	Rhin (Bas-)	1 — 1,320
10	Eure	1 — 889	54	Vosges	1 — 1,325
11	Côte-d'Or	1 — 895	55	Aube	1 — 1,335
12	Loiret	1 — 903	56	Charente-Inférieure	1 — 1,341
13	Meurthe	1 — 904	57	Pyrénées (Basses)	1 — 1,368
14	Gers	1 — 906	58	Vendée	1 — 1,396
15	Finistère	1 — 907	59	Ille-et-Vilaine	1 — 1,445
16	Pyrénées (Hautes-)	1 — 927	60	Cher	1 — 1,471
17	Orne	1 — 966	61	Doubs	1 — 1,478
18	Somme	1 — 980	62	Mayenne	1 — 1,495
19	Jura	1 — 988	63	Ariége	1 — 1.496
20	Côtes-du-Nord	1 — 994	64	Oise	1 — 1.517
21	Saône (Haute-)	1 — 1,000	65	Rhône	1 — 1,523
22	Yonne	1 — 1,002	66	Seine-et-Marne	1 — 1,544
23	Bouches-du-Rhône	1 — 1,009	67	Loire-Inférieure	1 — 1,570
24	Lot	1 — 1,009	68	Indre	1 — 1,571
25	Drôme	1 — 1,018	69	Vienne (Haute-)	1 — 1,575
26	Var	1 — 1,027	70	Maine-et-Loire	1 — 1,584
27	Manche	1 — 1,035	71	Vienne	1 — 1,589
28	Morbihan	1 — 1,037	72	Indre-et-Loire	1 — 1,616
29	Loire (Haute-)	1 — 1,067	73	Dordogne	1 — 1,654
30	Sèvres (Deux-)	1 — 1,092	74	Nièvre	1 — 1,698
31	Lozère	1 — 1,100	75	Charente	1 — 1,737
32	Seine	1 — 1,107	76	Creuse	1 — 1,765
33	Seine-et-Oise	1 — 1,120	77	Sarthe	1 — 1,790
34	Ardennes	1 — 1,130	78	Corrèze	1 — 1,810
35	Cantal	1 — 1,130	79	Marne (Haute-)	1 — 1,819
36	Eure-et-Loir	1 — 1,164	80	Rhin (Haut-)	1 — 1,822
37	Puy-de-Dôme	1 — 1,164	81	Meuse	1 — 1,841
38	Aveyron	1 — 1,182	82	Loire	1 — 1,920
39	Saône-et-Loire	1 — 1,188	83	Pyrénées-Orientales	1 — 2,033
40	Lot-et-Garonne	1 — 1,193	84	Landes	1 — 2,166
41	Ardèche	1 — 1,202	85	Isère	1 — 2,192
42	Tarn	1 — 1,202	86	Allier	1 — 2,516
43	Ain	1 — 1,228			
44	Garonne (Haute-)	1 — 1,230		MOYENNE générale	1 sur 1,201

6.

_ *Tableau des institutions établies en France pour l'éducation des jeunes aveugles, en 1858.*

DÉPARTEMENTS.	COMMUNES.	NOMBRE DES ÉLÈVES.				OBSERVATIONS.
		GARÇONS.	FILLES.	BOURSIERS.	PENSIONNAIRES.	
Aisne	Soissons	3	2	5	"	Saint-Médard-lèz-Soissons, annexée à l'institution des sourds-muets.
Aveyron	Rodez	4	"	4	"	
Hérault	Montpellier	3	3	5	1	
Meurthe	Nancy	25	11	29	7	
Nord	Fives	17	"	15	2	Annexées aux deux institutions de sourds-muets.
	Lille	"	14	7	7	
Pas-de-Calais	Arras	"	8	8	"	Idem.
Puy-de-Dôme	Chamalières	"	4	3	1	Lez-Clermont.
Rhône	Lyon	"	13	5	8	
Seine	Paris	140	60	190	10	
TOTAUX		192	115	271	36	
		307		307		

TABLEAU

De la proportion des sourds-muets et des aveugles avec l

1.	24 départements montagneux.............	1 sourd-muet sur	1,158	habitants.
2.	19 ————— forestiers...............	1	sur 1,480	
3.	18 ————— maritimes..............	1	sur 1,576 .	
4.	25 ————— de plaines et culture.......	1	sur 2,285	

86

1.	21 départements sud...................	1 sourd-muet sur	1,271	habitants.
2.	8 ————— sud-est...............	1	sur 1,501	
3.	13 ————— est...................	1	sur 1,577	
4.	15 ————— sud-ouest..............	1	sur 1,833	
5.	13 ————— nord.................	1	sur 1,902	
6.	16 ————— ouest.................	1	sur 1,925	

86

1.	38 départements frontières..............	1 sourd-muet sur	1,497	habitants.
2.	48 ————— du centre..............	1	sur 1,844	

86

RÉSUMÉ.

1.	24 départements montagneux......	1 sourd-muet sur	1,158	habitants.
2.	21 ————— sud...................	1	sur 1,271	
3.	19 ————— forestiers..............	1	sur 1,480	
4.	38 ————— frontières..............	1	sur 1,497	
5.	8 ————— sud-est...............	1	sur 1,501	
6.	18 ————— maritimes..............	1	sur 1,576	
7.	13 ————— est...................	1	sur 1,577	
8.	15 ————— sud-ouest..............	1	sur 1,833	
9.	48 ————— centre.................	1	sur 1,844	
10.	13 ————— nord.................	1	sur 1,902	
11.	16 ————— ouest.................	1	sur 1,925	
12.	25 ————— de plaines et culture.......	1	sur 2,285	

RACES PRIMITIVES.

1.	Race basque........	1 sourd-muet sur 1,718 habitants,	ou	6 sur 10,000 âmes.
2.	Race celtique........	1	sur 1,720	ou	6 sur 10,000
3.	Race gallo-latine......	1	sur 1,579	ou	7 sur 10,000
4.	Race gauloise........	1	sur 1,988	ou	5 sur 10,000
5.	Race germanique.....	1	sur 1,053	ou	10 sur 10,000
6.	Race normande.......	1	sur 2,227	ou	4 sur 10,000
7.	Race wallone........	1	sur 2,091	ou	5 sur 10,000

OMPARATIF

pulation des divers départements de l'Empire, en 1858.

1.	18 départements	maritimes..............	1 aveugle sur	1,174 habitants.
2.	24 ——————	montagneux............	1	sur	1,210
3.	19 ——————	forestiers..............	1	sur	1,289
4.	15 ——————	de plaines et culture.......	1	sur	1,427

86

1.	21 départements	sud.....	1 aveugle sur	1,080 habitants.
2.	16 ——————	ouest...................	1	sur	1,159
3.	13 ——————	nord....................	1	sur	1,183
4.	8 ——————	sud-est.................	1	sur	1,332
5.	13 ——————	est	1	sur	1,406
6.	15 ——————	sud-ouest...............	1	sur	1,531

86

1.	38 départements	frontières..............	1	sur	1,158 habitants.
2.	48 ——————	du centre..............	1	sur	1,290

86

RÉSUMÉ.

1.	21 départements	sud....................	1 aveugle sur	1,080 habitants.
2.	38 ——————	frontières..............	1	sur	1,158
3.	16 ——————	ouest...................	1	sur	1,159
4.	18 ——————	maritimes..............	1	sur	1,174
5.	13 ——————	nord...................	1	sur	1,183
6.	24 ——————	montagneux............	1	sur	1,210
7.	19 ——————	forestiers..............	1	sur	1,289
8.	48 ——————	centre.................	1	sur	1,290
9.	8 ——————	sud-est.................	1	sur	1,332
10.	13 ——————	est....................	1	sur	1,406
11.	25 ——————	de plaines et culture.......	1	sur	1,427
12.	15 ——————	sud-ouest..............	1	sur	1,531

RACES PRIMITIVES.

1.	Race basque..........	1 aveugle sur	1,368 habitants, ou	7 sur 10,000 âmes.
2.	Race celtique..........	1	sur 1,203	ou 8 sur 10,000
3.	Race gallo-latine.......	1	sur 868	ou 11 sur 10,000
4.	Race gauloise.........	1	sur 1,565	ou 6 sur 10,000
5.	Race germanique......	1	sur 1,275	ou 5 sur 10,000
6.	Race normande........	1	sur 1,042	ou 10 sur 10,000
7.	Race wallone.........	1	sur 1,212	ou 8 sur 10,000

9 782014 091564